Geraldo Antonio Bunick Neto Sala

Gerador C

Geraldo Antonio Bunick Neto Sala

Gerador C

Engenharia Mecânica

Novas Edições Acadêmicas

Impressum / Impressão
Bibliografische Information der Deutschen Nationalbibliothek: Die Deutsche Nationalbibliothek verzeichnet diese Publikation in der Deutschen Nationalbibliografie; detaillierte bibliografische Daten sind im Internet über http://dnb.d-nb.de abrufbar.
Alle in diesem Buch genannten Marken und Produktnamen unterliegen warenzeichen-, marken- oder patentrechtlichem Schutz bzw. sind Warenzeichen oder eingetragene Warenzeichen der jeweiligen Inhaber. Die Wiedergabe von Marken, Produktnamen, Gebrauchsnamen, Handelsnamen, Warenbezeichnungen u.s.w. in diesem Werk berechtigt auch ohne besondere Kennzeichnung nicht zu der Annahme, dass solche Namen im Sinne der Warenzeichen- und Markenschutzgesetzgebung als frei zu betrachten wären und daher von jedermann benutzt werden dürften.

Informação biográfica publicada por Deutsche Nationalbibliothek: Nationalbibliothek numera essa publicação em Deutsche Nationalbibliografie; dados biográficos detalhados estão disponíveis na Internet: http://dnb.d-nb.de.
Os outros nomes de marcas e produtos citados neste livro estão sujeitos à marca registrada ou a proteção de patentes e são marcas comerciais registradas dos seus respectivos proprietários. O uso dos nomes de marcas, nome de produto, nomes comuns, nome comerciais, descrições de produtos, etc. Inclusive sem uma marca particular nestas publicações, de forma alguma deve interpretar-se no sentido de que estes nomes possam ser considerados ilimitados em matérias de marcas e legislação de proteção de marcas e, portanto, ser utilizadas por qualquer pessoa.

Coverbild / Imagem da capa: www.ingimage.com

Verlag / Editora:
Novas Edições Acadêmicas
ist ein Imprint der / é uma marca de
OmniScriptum GmbH & Co. KG
Heinrich-Böcking-Str. 6-8, 66121 Saarbrücken, Deutschland / Niemcy
Email / Correio eletrônico: info@nea-edicoes.com

Herstellung: siehe letzte Seite /
Publicado: veja a última página
ISBN: 978-613-0-15367-0

Agradeço aos meus pais Simone e Davi por todo o apoio, dedicação, colaboração e inspiração, sem os quais, este não seria possível, ao professor Geraldo Krebsbach pela excelente orientação, ao professor Eduardo Emmerick pelo vital estímulo, e ao colégio Positivo por me oferecer espaço para as pesquisas.

DEDICATÓRIAS

Dedico meu trabalho a todos aqueles que acreditaram em minha capacidade, a Deus que me abençoou com criatividade e perseverança e a minha família que me apoiou incansavelmente.

SUMÁRIO

RESUMO 1

1 INTRODUÇÂO 2

2 OBJETIVO E RELEVÂNCIA DO PROJETO 3

2.1 PROCESSOS DE PRODUÇÃO DE ENERGIA ELÉTRICA 3

2.2 O QUE É O GERADOR C 4

2.3 DIFERENÇAS ENTRE FONTES POLUENTES E LIMPAS 5

3 PESQUISA DE CAMPO 6

3.1 QUESTIONÁRIO 6

3.2 RESULTADOS DO QUESTIONÁRIO 7

3.3 ENTREVISTA COM UMA ENGENHEIRA 17

4 DIÁRIO DE BORDO DO PROJETO GERADOR C 18

5 INCREMENTOS TÉCNICOS 34

6 MULTIPLICADORES DE TENSÃO 35

6.1 DEFINIÇÃO 35

6.2 APLICAÇÕES 35

6.3 EXPANSÃO DO MULTIPLICADOR 35

7 MEIOS DE ARMAZENAMENTO DE ENERGIA 36

8 TOTAL DE CUSTOS 37

9 TOTAL DE VANTAGENS 38

9.1 VANTAGENS PARA O MEIO AMBIENTE 39

10 CONCLUSÃO 40

11 ARTIGO CIENTÍFICO 41

12 IMAGENS 48

13 REFERÊNCIAS 49

RESUMO

GERADOR C

A pesquisa apresentada neste trabalho tem o objetivo de fornecer outra fonte enérgica renovável capaz de suprir as necessidades humanas num futuro próximo, assim reduzindo o uso de fontes poluentes, permitindo que as próximas gerações possam usufruir de uma alta qualidade de vida diminuindo a preocupação com o meio em que vivemos podendo focar nossas atenções em outros problemas como a fome. Os estudos realizados me deram informações suficientes para colocar em prática a ideia de uma forma nova de produzir energia elétrica. Coloquei em prática então uma solução viável para diminuir a crise energética em que nos encontramos hoje em dia: O Gerador C.

GERADOR C é simplesmente um dínamo acoplado á uma pequena hélice (a qual será girada para a produção de energia) posicionado não só nos sistemas pluviais de uma cidade, mas sim todos os canos que tenham qualquer fluxo de qualquer líquido. Seu sistema de funcionamento é basicamente o mesmo de uma hidroelétrica, que é, utilizar uma turbina para capturar a energia cinética contida nas águas e transforma-la em correntes elétricas (através de um gerador) para ligar qualquer equipamento eletrônico.

Em grande escala este projeto pode não só suprir o sistema de tráfego de uma cidade como também á demanda de alguns edifícios, residências e centros comerciais.

PALAVRAS-CHAVE: ENERGIA – GERADOR – ÁGUA – CHUVAS – ECOLÓGICO - RENOVÁVEL

1. INTRODUÇÃO

Este trabalho foi desenvolvido com o objetivo de fornecer uma nova fonte de energia renovável, com a capacidade de prover uma parte das necessidades humanas energéticas em tempos futuros, assim diminuindo a utilização de meios esgotáveis, entregando as próximas gerações o direito de aproveitas de uma boa qualidade de vida amenizando a preocupação com o meio ambiente em que vivemos podendo dedicar nosso tempo em outros problemas como a educação e a fome. As informações obtidas me levaram a perceber a importância de outras fontes renováveis para o planeta. Pensei em uma solução viável para diminuir a crise energética em que nos encontramos hoje em dia, fazendo assim um gerador: Gerador C.

2. OBJETIVO E RELEVÂNCIA DO PROJETO

Este estudo sobre energia limpa e renovável tem como objetivo final, esclarecer um jeito fácil e barato de produzir energia sem necessidade de recursos naturais.

2.1 PROCESSOS DE PRODUÇÂO DE ENERGIA ELETRICA

A produção de energia elétrica é única e exclusivamente a transformação de energia cinética, (movimento) em eletricidade através de aparelhos chamados dínamos. Quando lhes é aplicada uma carga de movimento, uma turbina gira e é responsável pela indução elétrica, que é a produção de energia elétrica através da exposição de um corpo a um campo magnético variável.

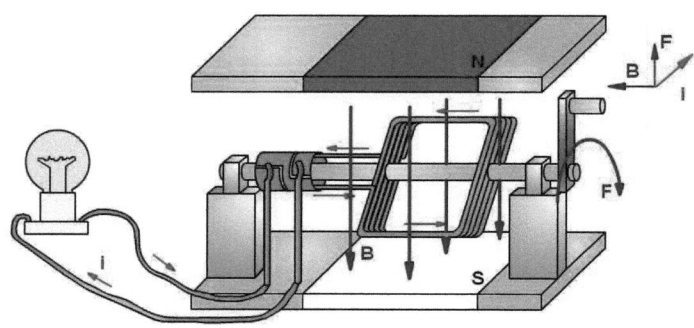

(imagem retirada do site Google representando um dínamo)

3

2.2 O QUE É O GERADOR C

GERADOR C é simplesmente um dínamo acoplado a uma pequena hélice (a qual será girada para a produção de energia) posicionado nos sistemas pluviais de uma cidade. Seu sistema de funcionamento é basicamente o mesmo de uma hidrelétrica, é utilizado um gerador c para capturar á energia cinética contida nas águas e transforma lá em correntes elétricas para se ligar qualquer equipamento eletrônico.

(foto retirada de um conjunto de dutos onde é possível ser instalado o gerador c)

Em cada uma essas tubulações poder-se-ia ligar dezenas de pequenos geradores c, podendo gerar energia sem nem percebermos isto.

(foto de um dínamo que pode vir a ser usado na construção de um gerador c)

4

2.3 DIFERENÇAS ENTRE FONTES POLUENTES E LIMPAS

Sem dúvida a fonte poluente mais usada hoje em dia é o carvão que com a tecnologia de nossos tempos não deveria ser uma opção. O fato de ser uma fonte lucrativa e barata para as indústrias de energia faz com que ele seja tão popular, porém esse tipo de indústria ajuda ao efeito estufa liberando mais e mais monóxido de carbono na atmosfera. Petróleo e gás natural também entram na lista de fontes poluentes por motivos muito parecidos com o do carvão.

Eólicas, solares, marítimas, atômicas, hidrelétricas e biocombustíveis são algumas das fontes que podem ser chamadas de limpas, por produzirem pouca ou nenhuma poluição, porém o fato de serem muito caras ou dependerem muito do local desejado não são uma opção adotada por muitos países.

3. PESQUISA DE CAMPO

Minha pesquisa de campo foi realizada com 10 pessoas para avaliar o quanto elas tem conhecimento sobre o assunto

3.1 QUESTIONÁRIO

QUESTIONÁRIO SOBRE ENERGIA RENOVAVEL

01 – Você sabe o que é energia renovável?
(   ) SIM / (   ) NÃO

02 – Você acha que hidrelétricas são uma boa fonte de energia para um pais como o Brasil?
(   ) SIM / (   ) NÃO

03 – Em sua opinião estamos vivendo em uma crise energética?
(   ) SIM / (   ) NÃO

04 – Você acredita que pode-se gerar energia no subsolo de uma grande cidade?
(   ) SIM / (   ) NÃO

05 – Dentre essas qual você considera a mais limpa?
(   ) Eólica.
(   ) Solar.
(   ) Atômica.
(   ) Hidrelétrica.
(   ) Marítima.

06 – Você gasta muita energia elétrica mensalmente?
(   ) SIM / (   ) NÃO

07 – Você acha que poderia diminuir a eletricidade gasta?
(   ) SIM / (   ) NÃO
08 – Qual dessas alternativas energéticas você ache que uma cidade como Curitiba poderia adotar?
(   ) Eólica.
(   ) Solar.
(   ) Atômica.
(   ) Hidrelétrica.

09 – A eletricidade em sua casa cai com frequência?
(   ) SIM / (   ) NÃO

10 – Em sua casa você tem um gerador?
(   ) SIM / (   ) NÃO

3.2 RESULTADO DO QUESTIONÁRIO

GRÁFICOS

Gráfico 1:

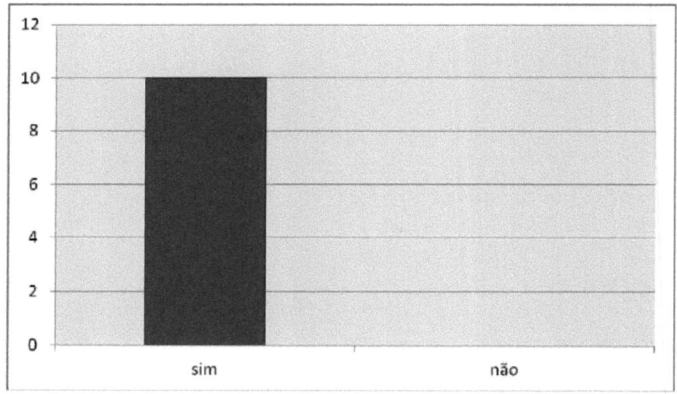

(gráfico da pergunta "você sabe oque é energia renovável")

Nesta pergunta todas as pessoas tiveram conhecimento do que é energia renovável o que é um grande passo para países que desejam mudar a forma de produzir energia.

Gráfico 2:

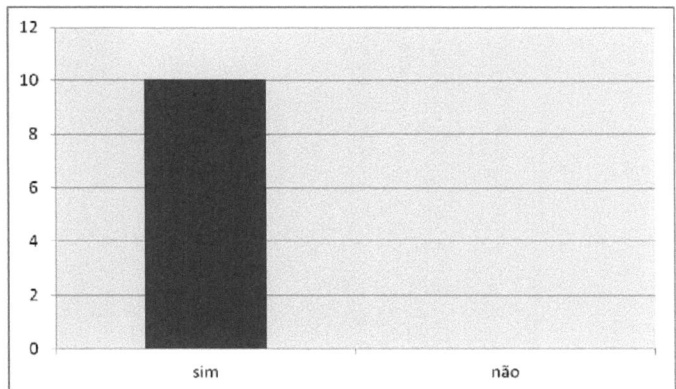

(gráfico da pergunta "Você acha que hidrelétricas são uma boa fonte de energia para um país como o Brasil?")

Nesta pergunta todas as pessoas novamente responderam que sim. Isso mostra um mínimo desconhecimento do quão as usinas hidrelétricas destroem a área na qual estão localizadas.

Gráfico 3:

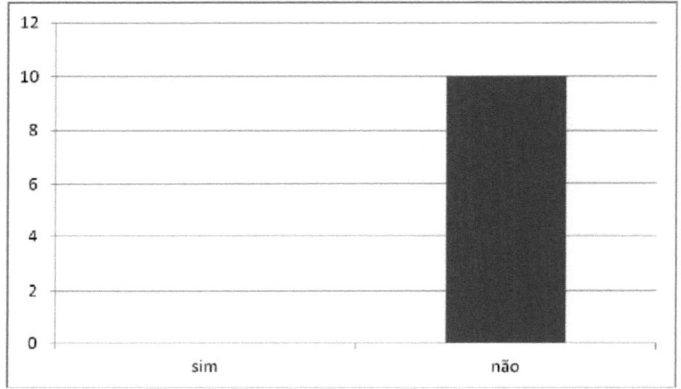

(gráfico da pergunta "em sua opinião estamos vivendo em uma crise energética?")

Esta foi uma pergunta extremamente mal interpretada, por um simples motivo: Na pergunta "estamos vivendo uma crise energética" a imagem que se passa é uma crise como qualquer outra, porém nenhuma das pessoas questionada mostrou á visão de crise em um futuro próximo, com a escassez de recursos para a produção da energia suja.

Gráfico 4:

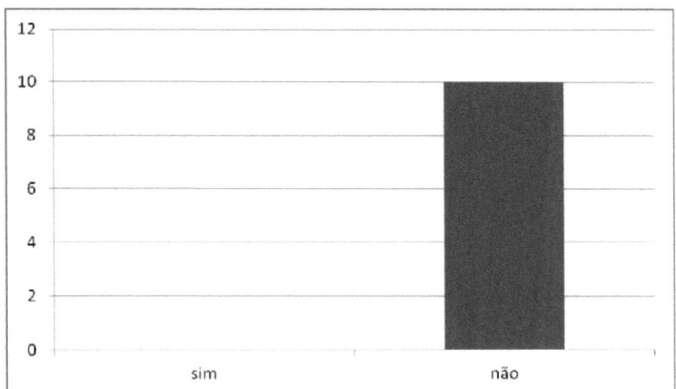

(gráfico da pergunta "Você acredita que pode-se gerar energia no subsolo de uma grande cidade?")

Neste ponto da pesquisa nos foi mostrado um pensamento fechado dos entrevistados, justamente por estarem acostumados de quando ouvirem a palavra usina elétrica, pensarem em algo extremamente grande e caro, completamente oposto a ideia proposta.

Gráfico 5:

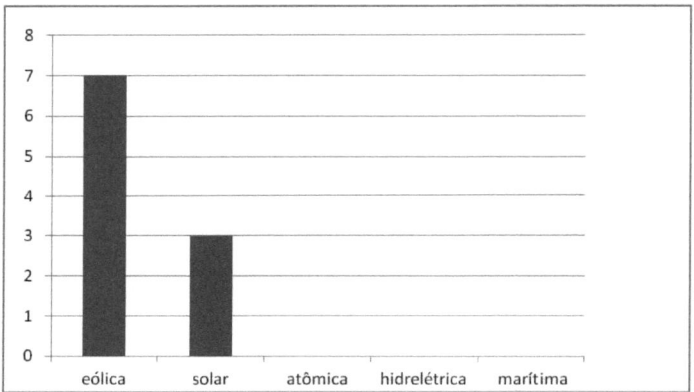

As respostas a esta pergunta foram consideravelmente boas, pois as únicas escolhidas foram sem dúvida as mais limpas, apenas apresentando diferença na região geográfica onde seria localizada a usina é que se poderia dizer qual seria a melhor.

Gráfico 6

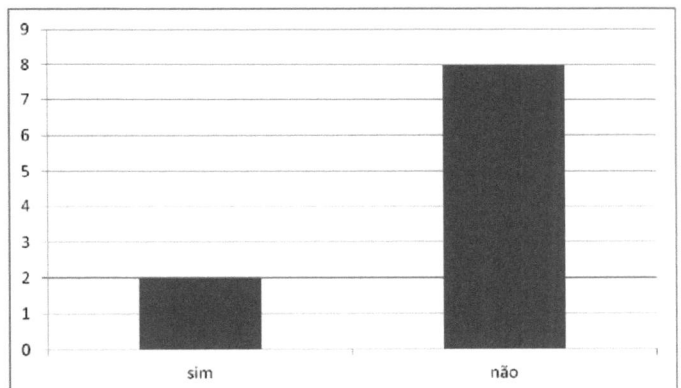

(gráfico da pergunta "Você gasta muita energia elétrica mensalmente?")

Esta como uma pergunta pessoal revelou-nos uma surpresa pelo fato de 80% dos entrevistados não gastarem tanta energia como o esperado. Esta pergunta nos revelou que como as pessoas não gastam muita energia mensalmente, com o uso de GERADORES C a quantia elétrica produzida por usina pode ser diminuída assim preservando muitos recursos naturais.

Gráfico 7:

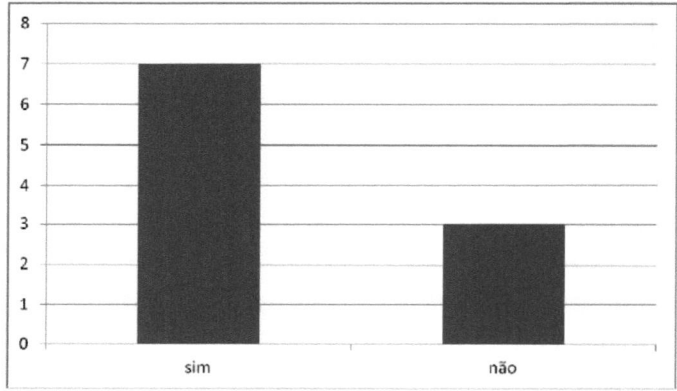

(gráfico da pergunta "Você acha que poderia diminuir a eletricidade gasta?")

Esta pergunta é muito boa, pois 70% dos entrevistados disseram que podem diminuir a quantia consumida de energia, algo que se compararmos com o sexto gráfico, resultaria em uma drástica queda de energia necessária nos grandes centros urbanos.

Gráfico 8:

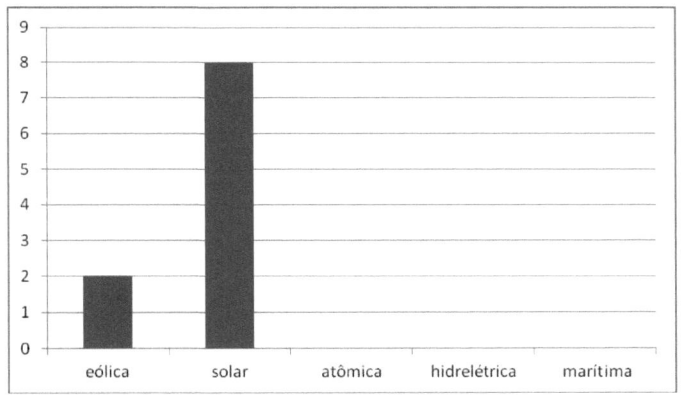

(Gráfico da pergunta "Qual dessas alternativas energéticas você ache que uma cidade como Curitiba poderia adotar"?)

Outra pergunta cujas respostas me deixaram um pouco desapontado foi esta, pelo fato de uma cidade como Curitiba ser na maioria do tempo nublada. O melhor recurso apresentado nas escolhas ainda seria a eólica.

Gráfico 9:

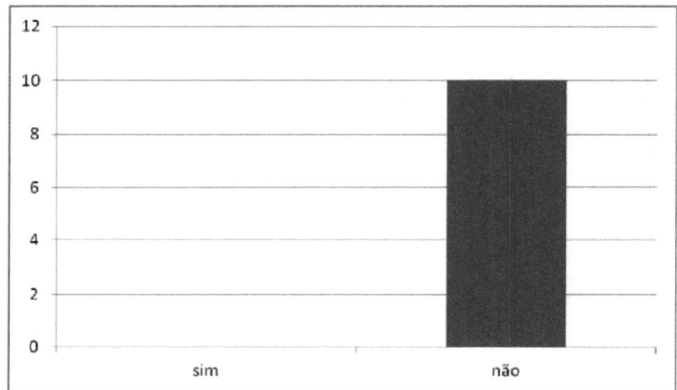

(gráfico da pergunta "A eletricidade em sua casa cai com frequência?")

Esta foi uma pergunta com mais intenção de avaliar o sistema público energético oferecido, do que para avaliar qualquer outra coisa. O fato de a cidade oferecer um bom sistema significa que ela pode (com o GERADOR C) deixar de investir tanto dinheiro para a compra de energia, e coloca-lo em setores como saúde e educação.

Gráfico 10:

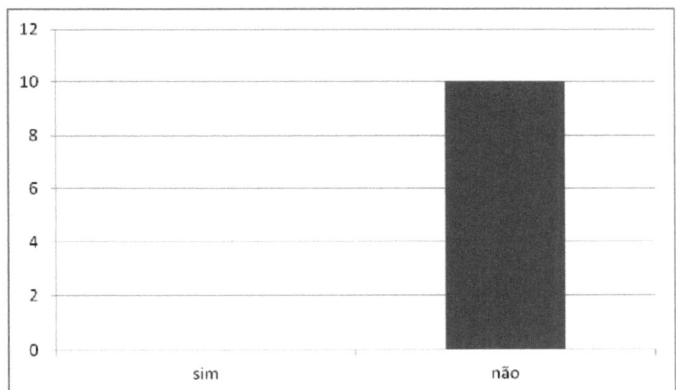

(gráfico da pergunta "Em sua casa você tem um gerador?")

O fato de as pessoas não possuírem geradores particulares, representa que em caso de emergência (nas raras quedas de energia), as pessoas se encontrariam na "idade da pedra" pelo fato de o homem depender quase que 100% da energia para tudo. Com o projeto proposto por mim, a demora na volta da energia, seria muito mais rápida, pelo fato de se tratar de um sistema simples.

3.3 ENTREVISTA COM UMA ENGENHEIRA

1) Quanto de energia gera um dínamo pequeno?

R: 5V e 1A

2) Você acredita que é possível gerar energia no subsolo de uma metrópole? Por quê?

R: Não. O custo elevado e a falta de planejamento deixaria essa possibilidade inviável

3) Somente com a força da chuva, você acha que é possível gerar energia elétrica?

R: Sim, porém em pequena escala.

4) Você acha que uma cidade grande com capital de sobra, possa investir milhões em uma nova fonte de energia rentável?

R: Desde que essa nova fonte não agrida o meio ambiente baixando o custo da energia, beneficiando a todos sim.

5) Se uma nova fonte de energia que dependesse da chuva fosse inventada, você acha que uma cidade como Curitiba seria ideal para esta?

R: Sim desde que os períodos de chuva fossem frequentes para gerar a energia necessária, atendendo a demanda.

Nome da entrevistada   Simone Suzetti Bunick Sala

4. DIÁRIO DE BORDO DO PROJETO GERADOR C

18 de junho de 2012   **Explicação do projeto**

Hoje tivemos uma aula com o professor Eduardo Emmerick, com o objetivo de nos apresentar um trabalho com o tema de sustentabilidade.

O professor nos mostrou a interessante proposta de fazer um projeto que ajude a população e ao mesmo tempo o meio ambiente.

20 de junho de 2012   **Iniciação das pesquisas**

O grupo se reuniu na biblioteca do Colégio Positivo Ângelo Sampaio para dar início às pesquisas, nas quais obtivemos informações para formar o Plano de Pesquisa, assim aumentando nossos conhecimentos a respeito do tema abordado e da engenharia do projeto.

21 de junho de 2012   **Iniciação do diário de bordo**

Demos início ao diário de bordo, no qual temos que fazer as anotações de todas as ações realizadas pelo grupo, relacionadas ao trabalho no período de segunda-feira 18 de junho de 2012 até o dia de entrega do trabalho pelo grupo ao orientador (Eduardo Emmerick).

5 de setembro de 2012   **Decisões**

Reunimo-nos mais uma vez no Colégio Positivo Ângelo Sampaio para concluir mais uma etapa da discussão sobre o trabalho e verificar o que seria feito em seguida.

7 de setembro de 2012   **Ideias**

Estamos reunindo as ideias do grupo para decidir que tipo de trabalho vai ser executado. Esta é uma decisão difícil, pois cada um tem uma ideia...

10 de setembro de 2012   **Energia**

Após uma votação, decidimos que para a próxima etapa estaremos pesquisando algumas formas de geração de energia.

11 de setembro de 2012   **Gerador**

Um dos integrantes da equipe (Geraldo) trouxe uma ideia bem interessante. Uma forma de gerar energia com as águas da chuva após entrarem nos bueiros.

12 de setembro de 2012   **Nome**

No reunimos na biblioteca e concordamos todos em executar a ideia trazida pelo Geraldo. Optou-se pelo nome sugerido pelo Geraldo: Gerador C (C de chuva).

13 de setembro de 2012   **Separação do grupo**

Hoje algo inesperado aconteceu, o grupo decidiu se separar uma vez que dois dos integrantes queriam apenas a nota do trabalho de filosofia enquanto que eu (Geraldo) optei por levar o projeto adiante.

14 de setembro de 2012   **Maquete**

Pensei em fazer uma maquete em madeira para demonstrar a funcionalidade e eficiência do projeto.

15 de setembro de 2012   **Confecção**

Hoje analisei o dimensional para a confecção da maquete. Pensei em mostrar algumas situações como, por exemplo: uma indústria, residências e postes de iluminação. A ideia é formidável e percebi que poderá ter grandes utilidades.

16 de setembro de 2012   **Primeira etapa em progresso**

Sem os outros dois integrantes da equipe o trabalho ficou surpreendentemente mais fácil. Hoje comprei o material para começar a produção da maquete que será apresentada no dia 6 de outubro na Mostra e Soluções Para uma Vida Melhor.

17 de setembro de 2012   **Fase de testes**

Comecei a construção da maquete; fiz toda a parte estrutural e dei início à parte técnica: fazer a fiação para as ligações dos LED´s.

18 de setembro de 2012   **Fiação**

Terminei a fiação para a ligação dos LED´s. Dei início à próxima fase que é a parte de acabamento e decoração da maquete.

19 de setembro de 2012   **Dínamos**

Hoje comprei lanternas recarregáveis para fazer a utilização de seus ímãs e bobinas que juntos tem a função de dínamo. Também comprei coolers de computador para fazer o aproveitamento de suas hélices.

20 de setembro de 2012   **Junção**

Hoje desmontei as lanternas e estou pensando em uma forma de fixar as hélices em um eixo juntamente com o ímã para que seu campo magnético possa interferir nas bobinas, assim criando uma tensão elétrica.

21 de setembro de 2012   **Resultados**

O momento esperado foi um sucesso, 2 Geradores C em miniatura conseguiram gerar 1V. Testei os LED´s, porém a tensão não foi o suficiente, vou fazer mais testes amanhã.

22 de setembro de 2012   **Eficiência**

Analisando toda a situação, percebi que a elaboração dos geradores não teve o desempenho esperado. Preciso urgentemente criar uma nova situação resolvendo definitivamente o problema.

23 de setembro de 2012   **Remontagem**

Vou testar uma nova ideia, pensei em criar um eixo lateral com um dínamo pré-fabricado encaixando as pás de água diretamente no eixo do motor, fazendo assim com que o atrito seja mínimo. Consequentemente a energia gerada será maior.

24 de setembro de 2012   **Dentro dos conformes**

Hoje montei o dispositivo do dia anterior, de fato, eu tinha razão, consegui um desempenho superior ao antigo modelo usando menos recursos.

25 de setembro de 2012   **Aprimoramento**

A princípio montei o dispositivo em um tubo de PVC, porém acredito que possa melhorar, então pensei em usar um tubo de acrílico para ter uma melhor visualização do que está acontecendo na tubulação.

26 de setembro de 2012   **Acrílico**

Comecei a procurar pelo tubo de acrílico, fiz cotações, selecionei o fornecedor e fiz o pedido do material.

27 de setembro de 2012   **Reinicio**

Chegou o tubo de acrílico, agora preciso montar o dispositivo e realizar os testes necessários para verificar o funcionamento.

28 de setembro de 2012   **Sucesso**

Com o dispositivo testado e funcionando de maneira eficaz, montei na maquete para testes operacionais.

29 de setembro de 2012   **A prova**

A maquete provou que o projeto por mim oferecido é suficiente (em uma alta escala) para suprir as necessidades de uma via pública em dias chuvosos.

30 de setembro de 2012   **Outra probabilidade**

Quando o primeiro problema surgiu (dias com falta de qualquer tipo de água nos encanamentos), descobri que é possível não somente utilizar o Gerador C em sistemas de coleta de água da chuva, mas sim em todos os tipos de encanamentos com qualquer líquido desde que com fluxo constante.

1 de outubro de 2012   **Como será**

Hoje meu orientador explicou como será dia 06/10/2012 (Mostra de Ciências) e exatamente o que será exigido:

- Banner
- Plano de pesquisa
- Diário de bordo
- Monografia

2 de outubro de 2012   **Banner**

O orientador entregou a todos os participantes da Mostra um pedaço de papel Paraná para a realização do banner no qual deve ter a maioria das informações obtidas na realização do projeto. O banner deve estar no dia da apresentação atrás do expositor em todos os momentos das apresentações.

3 de outubro de 2012   **Produção do banner**

Hoje comecei a produção do banner, e coloquei todas as informações possíveis sobre a realização e conceito do projeto "Gerador C".

4 de outubro de 2012   **Verificação**

Com dois dias para a apresentação do projeto "Gerador C", uma verificação foi feita para averiguar se estava tudo funcionando perfeitamente. Sem problemas encontrados, resta apenas aguardar pelo dia da Mostra.

5 de outubro de 2012   **Última oportunidade**

Com um dia antes da Mostra, a maquete foi testada uma última vez. Com tudo pronto,   estou organizando todo o material (maquete, banner, diário de bordo) para o devido transporte até o ginásio do Colégio Positivo Júnior onde ocorrerá o evento.

7 de outubro de 2012   **Resultados da Mostra**

A mostra de ciências foi um sucesso, muitas pessoas vieram fazer perguntas a respeito do Gerador C, e todos os avaliadores mostraram interesse na minha proposta, o que me faz acreditar que é possível que eu seja um dos finalistas, podendo ir apresentar meu projeto na FEBRACE (Feira Brasileira de Ciências e Engenharia).

9 de outubro de 2012   **Projeto aprovado para a segunda etapa**

Hoje 9/10/2012 recebi os resultados da mostra nos quais meu projeto foi selecionado para uma segunda fase, devido a uma grande quantidade de notas altas de outras equipes. Essa ocorrerá dia 13/10/2012 no período da manhã.

11 de outubro de 2012   **Preparações para a segunda fase**

Hoje eu estou arrumando tudo para o dia 13, onde estarei apresentando o projeto para um grupo de novos avaliadores com a intenção de julgar todos os projetos, escolhendo os 3 melhores para a tão esperada FEBRACE.

13 de outubro de 2012   **Confirmação**

São 15 horas e acabo de receber uma ligação da coordenadora Irinéia Scota, informando que o meu trabalho foi classificado em primeiro lugar e que teremos uma reunião no dia 18 de outubro, para a inscrição de todos os 4 projetos selecionados no site da feira brasileira de ciências e engenharia

26

15 de novembro de 2012   **Aprimoramento**

Comecei uma pesquisa para verificar a viabilidade de estar instalando o gerador c na saída de caixas de água de edifícios, ou seja, um único cano abastece um edifício, para cada andar ou apartamento, seria colocado um gerador que pudesse, por exemplo, manter a luz do corredor deste andar acesa com um sensor de presença.

26 de novembro de 2012   **Outra complicação**

Estou verificando qual seria a melhor forma de armazenar a energia captada pelo gerador em vias públicas ou em locais de muito fluxo de líquidos (os quais gerariam muita energia) e também qual seria a melhor maneira de coloca-la em uso.

2 de dezembro de 2012   **Uma pequena pausa**

Neste mês terei que pausar as pesquisas em andamento a respeito do Gerador C, para sair de férias, mas em janeiro darei o dobro de mim para recuperar este mês.

2 de fevereiro de 2013   **Nova Motivação**

Hoje esta chovendo muito e mais uma vez fiquei perplexo com o desperdício da água. Estive observando uma das calhas da minha casa e vi como e grande a força com que a água sai. Se fosse instalado um gerador c ali, poderíamos aproveitar a energia gerada para alimentar as lâmpadas externas da casa e possivelmente ate mesmo as lâmpadas internas. Não tenho dúvidas de que quando chegarmos á uma faze final do projeto, mandarei colocar vários geradores em minha casa.

21 de fevereiro de 2013   **Reunião**

Hoje tive uma reunião no colégio Positivo Ângelo Sampaio, com o orientador Eduardo Emmerick, a orientadora Irinéia Scota e os integrantes dos dois outros projetos finalistas da mostra de soluções para uma vida melhor; a respeito dos documentos necessários para a viagem, e hospedagem em São Paulo. E também uma entrevista com um jornalista da Gazeta do Povo respeito da FEBRACE e meu projeto.

28 de fevereiro de 2013   **Treinamento**

Novamente hoje toda a equipe de finalistas e orientadores, se reuniu dessa vez na sede Jardim Ambiental para discutir a respeito de nossas apresentações nos estandes, e nos dar dicas de como melhorar nossa explicação.

10 de junho de 2013   **Continuação**

Hoje decidi que irei me apresentar novamente na Mostra de Soluções para uma Vida Melhor com o mesmo projeto aqui descrito (Gerador C). Pretendo descobrir a capacidade de fazer algumas modificações benéficas ao produto, e descobrir possíveis pontos críticos relevantes para o bom funcionamento.

20 de junho de 2013   **Sem boas novas**

Estou tentando pensar em alguma possível modificação ou lugar em específico onde eu poça colocar um gerador, trazendo bons resultados. Algo que esqueci de mencionar anteriormente é que decidi implementar um diodo retificador para que a eletricidade não faça o dínamo funcionar como um motor.

30 de junho de 2013   **Mentor**

Estou à procura de um orientador para este ano visto que recebi muitas "criticas" pelo fato de meu professor não estar relacionado á nenhuma área que envolve o projeto. Acho que o ideal seria um professor de física, mas ainda preciso pensar um pouco.

7 de julho de 2013   **Nova ideia**

Tive uma nova ideia de lugar para a implementação do gerador, ainda preciso pesquisar mais a respeito, mas a ideia consiste basicamente colocá-lo em margens de rios (não muito poluídos), para que a força da correnteza seja capturada.

16 de julho de 2013   **Rejeição**

Minha última ideia mostrou-se fraca, pelos fatos de que a fixação dos geradores seria muito cara e o reparo demandado seria muito maior do que o benefício da geração. Nos dias atuais ainda prevalece à preferência pelo custo em relação a políticas não poluentes.

23 de julho de 2013   **Junções**

Estou pesquisando a fundo outras fontes de energia para verificar a possibilidade do meu projeto encaixar-se de alguma forma em algumas delas. Como ainda estou no início das pesquisas não achei um candidato ideal.

5 de agosto de 2013   **Possibilidades**

Consegui aderir meu projeto á várias fontes de energia, o que é bom, porém a energia proveniente dos geradores seria uma parte ínfima em comparação a energia propriamente gerada pelos seus meios em questão. Embora seja difícil a implantação nos mecanismos, há essa possibilidade.

13 de agosto de 2013   **Orientador**

Tenho em mente quatro professores nos quais acredito que encaixam-se perfeitamente como meus orientadores:

- Geraldo Krebsbach
- Jackson Milano
- Paulo Hansen
- Fabiano de Freitas

26 de agosto de 2013   **Tutor**

Confirmei com o professor Geraldo Krebsbach a sua participação como meu orientador na Mostra de Soluções. Preciso agora rever mais algumas vezes o relatório do projeto e fazer as devidas alterações. Também preciso verificar se a maquete necessita de alguns ajustes ou reparos, visto que na FEBRACE a bomba de aquário apresentou problemas.

30 de agosto de 2013   **Verificações**

Ontem e hoje conclui alguns testes com a maquete para certificar o seu bom funcionamento, ainda está um pouco cedo, mas preciso ter certeza absoluta de que no dia da mostra tudo estará em perfeitas condições para uma apresentação continua sem interrupções no funcionamento do mecanismo.

5 de setembro de 2013   **Números**

Faltando um mês para a mostra, estou verificando alguns dos números apresentados em meu relatório com a intenção de comprová-los em caso de algum possível erro, visto que eles são uma das partes mais importantes da pesquisa para o projeto.

11 de setembro de 2013   **Relatório**

Com o relatório conferido e sem erros ou implementos, o que me resta fazer agora é prosseguir com testes, a principio observei uma pequena rachadura no tubo de acrílico onde encontra-se o protótipo funcional, mas apenas visual, de nada interrompe no funcionamento do gerador, da bomba d'água ou do sistema em si.

17 de setembro de 2013   **Maquete**

Como antes dito, a maquete conta apenas com uma imperfeição (rachadura no tubo de acrílico), felizmente isso só afeta o "visual" do projeto montado. A bomba de água, a mangueira de condução, o recipiente usado e o mecanismo de inserção de água estão sem problema algum.

20 de setembro de 2013   **Banner**

Decidi que o banner exigido para a apresentação no evento, terá a mesma estrutura que o de 2012, apenas fazendo as alterações necessárias para o atual ano, e obviamente atualizar possíveis dados utilizados.

25 de setembro de 2013   **Reta final**

Faltando nada menos do que dez dias, estou contente com o resultado, fruto de minhas pesquisas para aplicação de uma nova fonte de energia renovável, e realmente espero que tudo ocorra bem no evento.

27 de setembro de 2013   **Treinamento**

Quero montar duas apresentações este ano, uma mais simples na qual direi os dados essenciais, tornando uma explicação mais direta que será apresentado á todas as pessoas; e uma mais completa, que apresenta muito mais dados de pesquisas e dados de funcionamento, na qual será explicada a pessoas que tenham um interesse um pouco maior no projeto.

30 de setembro de 2013   **Aguardo de orientações**

Estou apenas aguardando orientações de como prosseguir no dia do evento. Sem novas orientações apenas preciso encaixotar a maquete e preparar tudo para o devido transporte.

1 de outubro de 2013
Preparação

Está preparada a apresentação, usando como base as críticas e sugestões apresentadas pelo meu orientador, meus pais, por avaliadores da FEBRACE, e um artigo científico produzido no decorrer de alguns meses de projeção do Gerador C.

5. INCREMENTOS TÉCNICOS

Concluído o projeto do Gerador C, detectei a necessidade de incrementar dois circuitos eletrônicos que potencializam a energia gerada.

A princípio estudei a necessidade de duplicar a tensão elétrica gerada, para que a mesma possa fornecer energia suficiente para acender um LED. Isto se deve porque o protótipo do Gerador C gera até 1V de corrente contínua. Comercialmente são fornecidos para venda LED's de 3V.

Com o estudo descrito no item 6 (MULTIPLICADORES DE TENSÃO), tenho a possibilidade de potencializar o fornecimento de energia.

Visando manter energia armazenada após a geração da mesma no item 7 (MEIOS DE ARMAZENAMENTO DE ENERGIA) foi incrementado ao projeto o uso de baterias, do tipo recarregável AAA

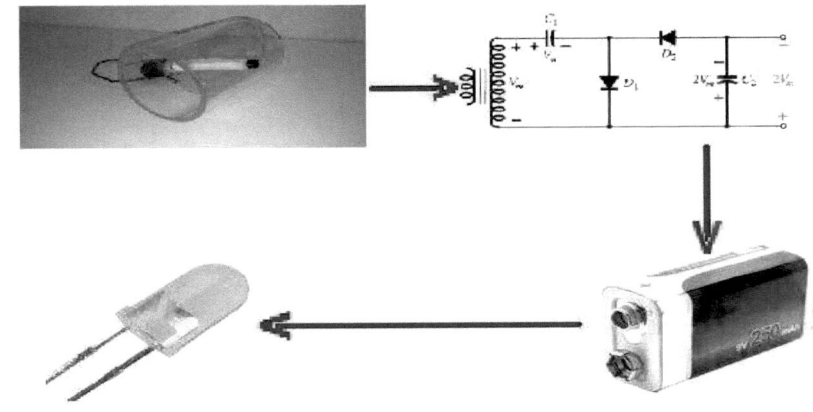

6. MULTIPLICADORES DE TENSÂO

Esse recurso foi a opção encontrada para maximizar a tensão de saída do gerador visto que ela não era suficiente para alimentar LED's de 3 volts.

6.1 DEFINIÇÃO

É um circuito que possibilita a obtenção de uma tensão contínua de saída que é múltiplo inteiro do valor de pico de uma tensão de entrada.

6.2 APLICAÇÕES

Possui diversas aplicações em situações onde é necessário uma tensão superior à alimentação principal, ou para gerar uma tensão de polaridade contrária a da alimentação.

6.3 EXPANSÃO DO MULTIPLICADOR

O circuito multiplicador pode ser expandido n-vezes para obter-se uma tensão de saída que é múltiplo de 2n da tensão de pico de entrada.

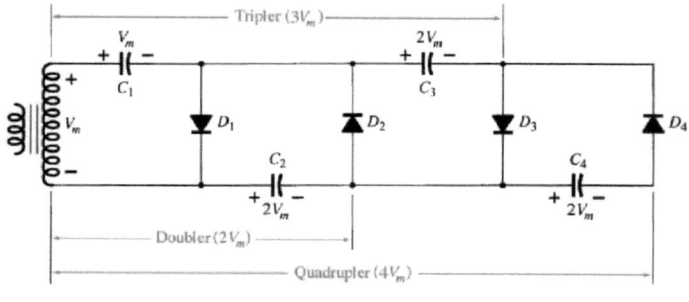

(Multiplicadores de tensão)

35

7. MEIOS DE ARMAZENAMENTO DE ENERGIA

O armazenamento de energia é acumular algum tipo de energia que foi produzida, para mais tarde ser utilizada em alguma operação útil.

Em nosso caso a energia cinética é transformada em elétrica, necessitando ser armazenada em dispositivos conhecidos como baterias.

Funcionamento de uma bateria, ao contrário do que todos pensam é diferente de uma pilha. Enquanto a pilha transforma somente energia química em elétrica, a bateria faz a interconversão entre estas duas formas (transforma elétrica em química e vice versa)

(Baterias e pilhas)

8. Total de custos

Para poder construir um Gerdor C é preciso:

1. Um motor (para ser usado como dínamo)
2. Uma hélice (para fazer o eixo girar)
3. Uma carcaça onde apoiar o conjunto

Fiz uma cotação de quanto eu gastei comprando todas as peças separadas, para montar o gerador, e quanto poderiam sair se o mesmo fosse fabricado em uma indústria em grande escala.

Comprando peças separadas:

1 Dínamo	R$30,00
1 Hélice de cooler	R$25,00
1 Carcaça adequada	R$15,00
1 Tubo de acrílico	R$80,00

Gerador C caseiro custa aproximadamente:	R$150,00

Fabricando em indústria com as peças em PVC

1 Dínamo	R$2,00
1 Pá-de-água	R$2,50
1 Carcaça com todos os objetos acoplados	R$4,00
Custo de fabricação	R$1,50

Gerador C de fábrica custa aproximadamente:	R$10,00

Se fabricado, além de custar menos da metade do preço, utilizado durante um período de tempo descrito a seguir, "pagaria seu próprio preço".

9. Total de vantagens

Um Gerador C trabalhando a ¼ de sua capacidade gera:

1	volt
0,03	ampere
0,4	watt. hora

Se uma pessoa comprar 100 Geradores C de fábrica

100	volts
3	amperes
40	watt. hora

Que esta pessoa gaste em média 400kWh

Com 100 Geradores C trabalhando á ¼ da sua capacidade 24 horas por dia durante 1 mês seria gerado 28,8 khw, ou seja 7,2% se toda a energia consumida seria dada pelo Geradcr C

Sem Gerador C	Com Gerador C
Seria gasto com o preço atual da energia (R$0,48) Por mês: R$192,00 Por ano: R$2304,00	Seria gasto com o preço atual da energia (R$0,48) Por mês: R$ 178,176 Por ano: R$ 2138,112
Seria economizado Por mês: R$00,00 Por ano: R$00,00	Seria economizado: Por mês: R$13,824 Por ano: R$165,888
Depois de 6 anos você estaria pagando o mesmo valor em sua conta de luzpor mês.	Depois de 6 anos você estaria pagando 7,2% a menos na sua conta de luzpor mês.

9.1 TOTAL DE VANTAGENS PARA O MEIO AMBIENTE

Considerando que em média em cada casa do Brasil morem 4 pessoas

Existem: 190 755 799 brasileiros

Existem: 47 688 950 casas

Digamos que existam mais: 25 000 000 de construções

Ao total temos: 72 688 950 de construções

Que em média todas estas construções consumam: 600kWh

Por hora o Brasil consome: 43 613 369 850 kWh

Se cada construção tivesse em média 100 Geradores C o Brasil necessitaria de

3 140 162 624,2 watts a menos por hora.

Este número é consideravelmente pequeno, porém a área que as reprezas iriam alagar para gerar esta quantia de energia seria muito menor, e nesta área é certo que existão muitos animais raros ou não que poderiam ter sido salvos pelo uso do Gerador C.

10. CONCLUSÃO

A partir dos estudos realizados sobre o tema energias renováveis, pode-se dizer que em grandes cidades, com um sistema pluvial adequado, seja possível á produção de energia, em uma quantidade razoavelmente boa através do sistema proposto "GERADOR C", podendo até mesmo garantir a países que não possuem usinas de energia, uma nova fonte barata e rentável de se produzir energia, das águas não tratadas para consumo.

11. ARTIGO CIENTÍFICO

Gerador C

Geraldo Antonio Bunick Neto Sala: Cursando o ensino médio na Sociedade Educacional Positivo– Ângelo Sampaio. Rua Alferes Ângelo Sampaio, 2300 Curitiba - Paraná - Brasil

Geraldo de Maria Krebsbach: Graduado em Engenharia Mecânica e Licenciatura em Matemática pela UFPR (Universidade Federal do Paraná) Avenida Cel. Francisco H. dos Santos, 100 Jardim das Américas Curitiba - Paraná - Brasil

RESUMO: A pesquisa apresentada neste trabalho tem o objetivo de fornecer outra fonte enérgica renovável capaz de suprir as necessidades humanas num futuro próximo, assim reduzindo o uso de fontes poluentes, permitindo que as próximas gerações possam usufruir de uma alta qualidade de vida diminuindo a preocupação com o meio em que vivemos podendo focar nossas atenções em outros problemas como a fome. Com os estudos realizados obtive informações suficientes para colocar em prática a ideia de uma nova forma de produzir energia elétrica. Coloquei em prática então uma solução viável para diminuir a crise energética em que nos encontramos hoje em dia: O Gerador C. GERADOR C é simplesmente um dínamo acoplado á uma hélice (a qual será girada para a produção de energia) posicionado não só nos sistemas pluviais de uma cidade, mas sim todos os canos que tenham qualquer fluxo de qualquer líquido. Seu sistema de funcionamento é basicamente o mesmo de uma hidroelétrica, que é utilizar uma turbina para capturar a energia cinética contida nas águas e transformá-la em correntes elétricas (através de um gerador) para ligar qualquer equipamento eletrônico. Em grande escala este projeto pode não só suprir o sistema de tráfego de uma cidade como também á demanda de alguns edifícios, residências e centros comerciais.

PALAVRAS-CHAVE: Energia - Gerador - Água - Ecológico - Renovável - Tubos

SYNOPSIS: The research present in this labor purpose to offer another renewable energy source able to furnish the human needs in a near future, thus reducing the use of polluting sources, allowing future generations can enjoy a high life quality decreasing concern for the place we live, can focus our attention on other problems such as hunger. The studies gave me enough information to put into practice the idea of a new way of producing electricity. Then put into practice a viable solution to reduce the energy crisis we are in today: The Generator C. Generator C is simply a dynamo coupled to a propeller (which will be rotated to energy production), positioned in all pipe having any flow of any liquid. Your operating system is basically the same as a hydroelectric that is to use a turbine to capture the kinetic energy contained in the water, and transform it into electrical currents (through a generator), to turn on any electronic equipment. This project in large scale can not only supply the traffic system of a city, but will demand some buildings, residences and shopping centers.

KEYWORDS: Energy – Generator – Water – Ecological – Renewable – Pipes

Introdução

Desde o princípio da produção de energia, o homem aproveita-se de fontes muito poluentes de energia pela facilidade da obtenção de matéria prima para seu comodismo. Somente durante os últimos anos estamos realmente deixando esse "privilégio" de lado para nos preocuparmos com as consequências do mesmo; então começamos a criar as fontes de energia renováveis (eólica solar atômica...) para tentar frear a destruição causada.

O Gerador C é nada mais nada menos do que uma dessas possíveis fontes de energia em potencial. Dado ao seu baixo custo de fabricação e reparação este novo gerador é uma ótima opção para países com pouca tecnologia, vento ou mesmo disposição geográfica. Graças a sua não complexidade de materiais e funcionamento, (próxima página), este dispositivo pode ser usado dentro de residências (em suas devidas tubulações), o que em grande escala produziria uma quantidade significativa de energia elétrica, que segundo estudos realizados, uma cidade média inteira usando o gerador, seria capaz decretar o fechamento de uma usina termoelétrica; coisa que seria vitória contra a poluição atmosférica.

O Gerador C como dito antes tem a mesma funcionalidade de uma hidroelétrica, que é transformar a energia cinética contida em qualquer liquido (presente em tubulações) em energia elétrica, através de um dínamo que faz a indução elétrica; que é basicamente a captação de elétrons proveniente de um imã, por uma bobina de metal envolto por verniz isolante, (Figura 1). Quando os ímãs são movimentados, (podem ser mais de um), de forma circular, seu campo magnético atrai os elétrons do condutor (bobina), de forma á fazer com que esses elétrons passem para a outra parte do fio. No caso da existência de um metal, os elétrons "puxados" fariam existir uma diferença de potencial, e assim, uma tensão induzida.

Há diversos fatores que influenciam a produção de energia através do gerador como, por exemplo, a viscosidade do líquido, a temperatura do mesmo, o atrito do eixo com o tubo em determinados materiais, etc. Porém em casos residenciais podemos desconsiderar muitos desses fatores, resultando na fórmula básica de um gerador:

$$U = \mathcal{E} - r \cdot i$$

U = a tensão produzida

$\mathcal{E}$ = força eletromotriz

r = resistência interna do gerador

i = corrente elétrica

Nas utilidades do Gerador C, tais como acender uma lâmpada de LEDs ou carregar baterias, há uma necessidade de incrementar um multiplicador de tensão, já que alguns equipamentos conseguem operar com baixas correntes elétricas, porém necessitam de um elevado diferencial de potencial (Figura 2).

Materiais e métodos

Na confecção de um Gerador C, é necessário:

1 – Dínamo
1 – Roda d'água
1 – Eixo
1 – Tubo devidamente preparado

Lembrando que todos esses itens podem ter suas características alteradas quanto ao: tamanho, potência, material de confecção e diâmetro.

Na confecção de seu protótipo foi utilizado um:

Dínamo de 4 volts

Eixo de politetrafluoretileno (teflon)

Tubo de 70 mm de diâmetro

5 Pás de plástico pet (formando a roda d'água)

Este material foi escolhido para a confecção de um gerador meramente demonstrativo, sem a intenção de utilizá-lo para a produção de energia, em função do alto custo dos materiais.

Em caso de fabricação em massa para uso em residências, desconsiderando o dínamo, todos os materiais poderiam ser feitos de plástico PVC. Em casos industriais ou comerciais, tratando-se de um fluxo maior de água ou outro líquido, esse material não deve ser tratado como uma opção por conta dos riscos em função do provável mal funcionamento e da provável baixa vida útil do produto.

O método mais apropriado para o uso do Gerador C é o carregamento de baterias, embora haja a possibilidade de ligar-se diretamente em um aparelho eletrônico, o risco de um pico súbito de energia é alto; o carregamento de uma bateria é a possibilidade mais barata e segura para essas circunstâncias.

A preferência pelo dínamo é que ele é simples e funciona melhor com baixas rotações, de maneira oposta ao aternador que para um bom funcionamento necessita de um numero mais elevado de rotações, no caso do Gerador C.

Resultados obtidos

Com 1 gerador protótipo posicionado em uma calha, foi possível a geração de quatro volts de tensão durante uma chuva fraca.

Podendo-se colocar dezenas desses produtos conectados em série, é possível a produção de energia suficiente para sustentar uma parte do sistema de iluminação (composto por LEDs) de uma casa, ou da área comunitária de um condomínio.

Esses resultados somente podem ser aplicados em construções residências, visto que em o consumo de água e outros líquidos é maior em indústrias, alguns centros de comércio e construções campeiras (fazendas, sítios...). Nesses outros lugares, sem dúvida a geração de energia seria muitas vezes maior.

Utilização nos esgotos

Há diversos problemas quando falamos em esgotos, e em relação ao Gerador C isso não é uma exceção.

A utilização do gerador nesse tipo de "fluido" é muito complexa pelo fator das fezes, que por sua vez poderiam acarretar no refreamento das pás e também na obstrução de toda a tubulação. Porém não é inviável a utilização do gerador nessas situações, pelo contrario, boa parte da energia que poderia ser gerada é proveniente dos esgotos. Suas únicas restrições seria quanto ao tamanho dos canos que conduzem esse liquido, e o tamanho das pás, um em relação ao outro.

Um exemplo simples: há um cano muito grande com um fluxo elevado de esgoto, o tamanho das pás não pode ser equivalente ao tamanho do cano, para poder permitir uma "área segura" que o esgoto poderia passar sem a intromissão das pás.

Caso haja alguma dúvida quanto á essa equivalência de tamanho, é mais seguro optar por um tamanho menor do gerador para uma maior segurança.

Utilização em calhas

Nesse meio, há somente um empecilho que pode comprometer a calha e sua estrutura: As folhas de arvores. É imprescindível o uso de um filtro nas áreas de escoamento. Sem esse filtro as folhas irão prender-se ao eixo e as pás impedindo sua rotação e consequentemente a passagem de água.

Utilização na água fluvial

A água fluvial sem dúvida é o meio mais simples no qual o Gerador C pode ser instalado. Sem nada para atrapalhar seu funcionamento, e também o fluxo da água, não é necessária a adaptação de canos ou a utilização de matérias como filtros.

Utilização em indústrias

Sua instalação em indústrias é a mais complexa dentre as outras, pois envolve diversos fatores a mais, os quais interferem no bom funcionamento do gerador.

Nesses casos é necessário verificar: a temperatura do líquido para determinar o material de confecção do gerador; a viscosidade do fluído para não influenciar na quantidade que irá chegar ao seu destino, diminuindo a potência do dínamo; o líquido em si, pois alguns deles não podem receber interferências em seu caminho dentro da tubulação; entre outros.

Manutenção do sistema

Pelo Gerador C contar com peças simples, baratas e duradouras, (na maioria das situações), fazer a sua manutenção é algo fácil que poderá ser feita com longos intervalos de tempo, sem trazer inconvenientes a todo instante.

Instalação

A instalação é decorrente de sua fabricação; quando produzido em massa, o gerador não virá em peças, mas sim em módulos, (pedaços de cano com o sistema montado), sua aparência final seria como a de uma luva PVC para sistemas líquidos. A única preocupação do usuário ao realizar a implantação do módulo, é fazer com que sua posição fique tangente ao fluxo do líquido.

Deslocamento da Energia

Anteriormente foi dito que a melhor utilização do Gerador C, seria o carregamento de baterias, esse conceito também se aplica a mais de um gerador em série; porém quando colocado em construções, a distância entre eles e a(s) bateria(s) é grande e para conduzir essas cargas é necessário um fio condutor passando por todos os módulos e terminando na bateria.

Nos intervalos entre os geradores é recomendado a utilização de um diodo retificador, para impedir que a energia gerada por um dínamo, vá para outro, que no caso deixaria de cumprir seu papel para funcionar como um motor, impulsionando a água.

Armazenamento de energia

Uma residência comum com alguns geradores consegue carregar não apenas uma, mas várias baterias comuns de 9 volts; a quantidade irá depender da circulação de fluidos pela casa, e do número de geradores instalados na residência.

Esta energia, ao invés de carregar baterias, pode ser colocada diretamente na caixa de força do local, porém esse sistema seria muito complexo e caro para uma residência, todavia indústrias e comércio, por se tratar de mais energia elétrica, pode vir a ser mais vantajoso do que o carregamento de baterias.

Melhorias urbanas

Como já dito, o Gerador C tem diversos meios de aplicação, inclusive nas empresas de fornecimento de água e tratamento de esgoto.

A energia gerada através desses meios poderia ser utilizada na iluminação pública, e também no sistema de tráfego, para uma maior economia com cabos por parte da empresa, e também reduziria muito os gastos das cidades por compra de energia elétrica oriunda de usinas.

Venda de energia

Há a possibilidade também da venda de energia que não é utilizada, como é feito em Freiburg, no sudeste da Alemanha, porém lá são utilizados painéis fotovoltaicos. Uma das únicas alterações que devem ser feitas para que esse método possa ser utilizado, é os geradores estarem diretamente conectados com a caixa de força do local, e também a companhia de energia da região aceitar esse tipo de negociação.

Conclusão

Os resultados obtidos mostram que a utilização do Gerador C nos locais citados acima, é viável e uma ótima forma para quem quer tornar sua casa ou lugar de trabalho, um local mais sustentável.

Este projeto teve como objetivo a redução da energia elétrica comprada, por qualquer estabelecimento que possua encanamento com fluxo de líquidos. As pesquisas realizadas levantaram os dados necessários para que esteja comprovado que o Gerador C é eficiente e uma ótima opção para todos os consumidores finais.

O Gerador C continua a ser desenvolvido e adaptado as mais diversas formas em que seu uso é possível.

Referências

(livros)

- Fox Robert W.
- McDonald Alan T.
- Pritchard Philip J.

Introdução à Mecânica dos Fluidos 7ª edição

- Halliday David
- Resnick Robert

Fundamentos de Física Volume 1, 3ª edição Mecânica

- Halliday David
- Resnick Robert
- Walker Jearl

Fundamentos de Física Volume 2 4ª edição Gravitação, Ondas e Termodinâmica

- Jr. William D. Callister

Ciência e Engenharia de Materiais uma Introdução Volume 1, 7ª edição

- Moran Michael J.
- Shapiro Howard N.

Princípios de Termodinâmica para Engenharia 6ª edição

- Mosca Gene
- Tipler Paula A.

Física para cientistas e engenheiros Volume 1, 6ª edição Mecânica, Oscilações e ondas, Termodinâmica

- Sonntag Richard E.
- Wylen Gordom J. Van

Fundamentos da Termodinâmica Clássica 2ª edição

- Walker Jearl

Fundamentos de Física Volume 1, 8ª edição Mecânica

- Walker Jearl

Fundamentos de Física Volume 3, 8ª edição Eletromagnetismo

12. IMAGENS

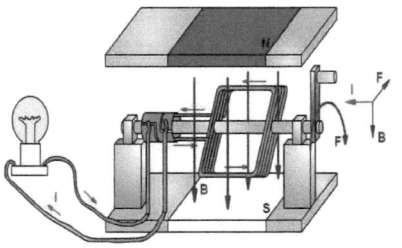

Figura 1: O dínamo e a indução elétrica

Figura 3: Modelo Gerador C

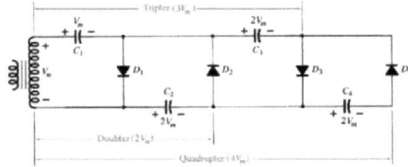

Figura 2: Multiplicadores de tensão

Protótipo de Gerador C, utilizando:
1 Dínamo de 4 volts
Eixo de politetrafluoretileno
Tubo de 70 mm
5 pás de plástico pet

13. REFERÊNCIAS

- **Livros**

Tripler Paul A.; Mosca Gene. Física para Cientistas e Engenheiros Vol. 1 Mecânica Oscilações e Ondas. Sexta edição. Editora LTC/GEN.

Tripler Paul A.; Mosca Gene. Física para Cientistas e Engenheiros Vol. 2 Eletricidade e Magnetismo, Óptica. Sexta edição. Editora LTC/GEN.

Walker Jearl; Halliday; Resnick. Fundamentos de Física Vol. 1 Mecânica. Oitava edição. Editora LTC/GEN.

Walker Jearl; Halliday; Resnick. Fundamentos de Física Vol. 2 Gravitação Ondas e Termodinâmica. Quarta edição. Editora LTC/GEN.

Walker Jearl; Halliday; Resnick. Fundamentos de Física Vol. 3 Eletromagnetismo. Oitava edição. Editora LTC/GEN.

Fox Robert W.; Pritchard Philip J.; McDonald Alan T. Introdução à Mecânica dos Fluídos. Sétima edição. Editora LTC/GEN.

Jr. William D. Callister. Ciência e Engenharia dos Materiais uma Introdução Vol. 1. Sétima edição. Editora LTC/GEN.

Moran Michael J.;Shapiro Howard N. Princípios de Termodinâmica para a Engenharia. Sexta edição. Editora LTC/GEN.

Sonntag Richard E.; Wylen Gordom J. Van. Fundamentos de Termodinâmica Clássica. Segunda edição. Editora Edgard Blücher.

Poskitt Kjartan. Isaac Newton e sua Maçã. Primeira edição. Editora Cia das Letras

- **Sites**

http://www.energiasrenovaveis.com/

http://www.aneel.gov.br/aplicacoes/atlas/pdf/06-Energia_Eolica(3).pdf

http://www.brasilescola.com/geografia/energia-solar.htm

http://discoverybrasil.uol.com.br/guia_tecnologia/energia_alternativa/energia_eolica/incex.shtml

Printed by Books on Demand GmbH, Norderstedt / Germany